Enrico Obst

Bewertung der natürlichen Radioaktivität von Pigmenten

GRIN Verlag

Bibliografische Information der Deutschen Nationalbibliothek:

Die Deutsche Bibliothek verzeichnet diese Publikation in der Deutschen National-
bibliografie; detaillierte bibliografische Daten sind im Internet über http://dnb.d-
nb.de/ abrufbar.

Impressum:

Copyright © 2011 GRIN Verlag, Open Publishing GmbH
Druck und Bindung: Books on Demand GmbH, Norderstedt Germany
ISBN: 978-3-640-94171-1

Dieses Buch bei GRIN:

http://www.grin.com/de/e-book/173760/bewertung-der-natuerlichen-radioaktivitaet-
von-pigmenten

GRIN - Your knowledge has value

Der GRIN Verlag publiziert seit 1998 wissenschaftliche Arbeiten von Studenten, Hochschullehrern und anderen Akademikern als eBook und gedrucktes Buch. Die Verlagswebsite www.grin.com ist die ideale Plattform zur Veröffentlichung von Hausarbeiten, Abschlussarbeiten, wissenschaftlichen Aufsätzen, Dissertationen und Fachbüchern.

Besuchen Sie uns im Internet:

http://www.grin.com/

http://www.facebook.com/grincom

http://www.twitter.com/grin_com

Enrico Obst

Bewertung der natürlichen

Radioaktivität von Pigmenten

Studienarbeit

Inhaltsverzeichnis

1 SACHVERHALT

In weiten Industriezweigen, wie z. B. in der Lack- oder Keramikindustrie, erfolgt ein Einsatz von Pigmenten.

In Fachkreisen ist allgemein bekannt, dass diese Pigmente auch eine „natürliche Radioaktivität" aufweisen können.

Diese „natürliche Radioaktivität" ist messbar und kann daher aufgrund der besonderen Brisanz der Thematik „radioaktive Strahlung" zu Verunsicherungen von Mitarbeitern, Kunden und Lieferanten führen.

Diese „natürliche Radioaktivität" ist daher erklärungsbedürftig.

Das Ziel der nachfolgenden Ausführungen ist dabei, die im Rahmen an einem exemplarisch ausgewählten Pigment festgestellten Aktivitätskonzentrationen der natürlichen Radioaktivität anhand von Literaturquellen und gesetzlicher Vorgaben zu beurteilen.

2 NATÜRLICHE RADIOAKTIVITÄT IN PIGMENTEN

Im Rahmen einer industriellen Keramikproduktion werden ebenfalls Pigmente eingesetzt. Anhand durchgeführter Aktivitätsmessungen wurden hierbei nachfolgende Messwerte an einem exemplarisch ausgewählten Pigment ermittelt:

- Radium 226 (Ra 226): 538 ± 16 Bq / kg

- Thorium 232 (Th 232): 113 ± 5 Bq / kg

- Kalium 40 (K 40)   < 25 Bq / kg

- Cäsium 137 (Cs 137) < 1,8 Bq / kg

Damit kann - völlig pauschal - die Aussage getroffen werden, dass das hier im weiteren Produktionseinsatz verwendete Pigment „radioaktiv" ist.

Die nachfolgenden Erörterungen sollen hierbei dazu dienen, diese allgemeine Feststellung der „Radioaktivität" quantitativ zu erfassen.

Dabei soll auch dem Laien bzw. dem Anwender eines solchen Rohstoffs verdeutlicht werden, wie die ermittelte Strahlung des Produkts tatsächlich zu bewerten ist.

3 BEWERTUNG DER NATÜRLICHEN RADIOAKTIVITÄT

Für die Bewertung der ermittelten Messwerte für die natürliche Radioaktivität in Pigmenten werden nachfolgende verschiedenste rechtliche Grundlagen und die Ergebnisse weiterer vorliegender Messungen herangezogen.

Dabei wird bewusst eine allgemein verständliche Ausführung gewählt.

3.1 Bewertung der Strahlung durch Cäsium am ausgewählten Pigment

Für die Bewertung der Cäsiumstrahlung liegen gesetzlich verankerte Orientierungswerte vor.

Nach dem Unfall im sowjetischen Kernkraftwerk „Tschernobyl" (1986) wurde die sogenannte „Tschernobyl-Verordnung" erlassen [1].

Hierin wird für Nahrungsmittelimporte aus Drittländern für Cäsium ein Grenzwert von 370 Bq/kg für Milch und Kleinkindernahrung und von 600 Bq/kg für weitere Nahrungsmittel festgelegt.

Es wird darauf hingewiesen, dass 2009 in Bayern in Waldpilzen eine Cäsiumstrahlung im Mittel von 435 Bq/kg gemessen wurde, der Spitzenwert lag hierbei bei 8492 Bq/kg [2].

Auch heute findet sich auf den Internetseiten des Bundesamtes für Strahlenschutz (BfS) noch das Informationsblatt „Wildpilze – Bedenkenloser Genuss?" [3], in dem auf Cäsiumstrahlungen von > 1000 Bq/kg in bestimmten Pilzsorten verwiesen wird.

Anhand der für Lebensmittel festgelegten Grenzwerte und anhand der an machen Pilzsorten ermittelten Cäsiumstrahlung ist nachvollziehbar, dass die Cäsiumstrahlung im hier exemplarisch ausgewählten Pigment (gemessen < 1,8 Bq/kg) zu vernachlässigen ist bzw. deutlich unterhalb von Grenzwerten der Cäsiumstrahlung für Lebensmittel liegt.

3.2 Bewertung der Strahlung durch Kalium am ausgewählten Pigment

Für die Bewertung der aus Kalium 40 (K 40) resultierenden, gemessenen Strahlung (gemessen < 25 Bq/kg) können die Messungen der Kaliumstrahlung von Lebensmitteln herangezogen werden.

In den nachfolgend exemplarisch aufgeführten Lebensmitteln werden dabei folgende durch K 40 verursachten Aktivitäten ermittelt [4]:

- Milch: 40 - 60 Bq/l

- Schweinefleisch: 30 - 140 Bq/kg

- Haselnüsse: 186 - 272 Bq/kg

Anhand dieser Messwerte ist auch hier nachvollziehbar, dass die am ausgewählten Pigment ermittelte, aus K 40 resultierende Strahlung von < 25 Bq/kg als sehr gering einzustufen ist.

3.3 Bewertung der Strahlung durch Thorium am ausgewählten Pigment

Für Lebensmittel liegen nur wenige Angaben zur durch Thorium 232 (Th 232) verursachten Strahlung vor. Als pauschale Angabe werden z. B. in Lebensmitteln Aktivitätskonzentrationen von <0,01 bis 0,05 Bq/kg genannt [5].

Deutlich höhere Thoriumstrahlungen sind in Baumaterialien anzutreffen.

Hervorzuheben ist hier Granit, der Aktivitätskonzentrationen von 17 bis 311 Bq/kg (Mittelwert 120 Bq/kg) aufweist [6]. In Ziegeln und Klinkern sind ebenfalls Aktivitätskonzentrationen von 12 bis 200 Bq/kg (Mittelwert 52 Bq/kg) nachweisbar [6].

Vor diesem Hintergrund ist auch hier erkennbar, dass bei dem hier gehandhabten

Pigment die gemessene Thoriumstrahlung von 113 ± 5 Bq / kg nicht erhöht ist und noch im typischen Bereich einer natürlichen Strahlung anzusiedeln ist.

3.4 Bewertung der Strahlung durch Radium am ausgewählten Pigment

Für Lebensmittel liegen ebenfalls nur wenige Angaben zur durch Radium 226 (Ra 226) verursachten Strahlung vor, als pauschale Angabe werden z. B. in Lebensmitteln Aktivitätskonzentrationen von <0,005 bis 2 Bq/kg genannt [5].

Deutlich höhere Radiumstrahlungen sind wiederum in Baustoffen festzustellen. Hervorzuheben ist auch hier wieder Granit, der durch Radium 226 verursachte Aktivitätskonzentrationen von 30 bis 500 Bq/kg (Mittelwert 100 Bq/kg) aufweist [6].

In weiteren anorganischen Materialien werden die nachfolgend aufgeführten, durch Ra 226 verursachten Aktivitätskonzentrationen bestimmt:

- In Hochofenschlacken werden durch Radium 226 Aktivitäten von 66 bis 360 Bq/kg (Mittelwert 130 Bq/kg) ermittelt [7].

- In Kupferstückschlacken (Haldenschlacke) aus dem Mansfelder Raum wurde an einer Probe eine Aktivität durch Radium 226 von 445 Bq/kg ermittelt [7].

- In Fliesen des Herstellers „Villeroy & Boch" wurde durch Radium 226 eine Aktivität von bis zu 175 Bq/kg ermittelt [8].

Vor diesem Hintergrund ist erkennbar, dass die für das hier ausgewählte Pigment ermittelte Aktivität für Ra 226 (gemessen 538± 16 Bq/kg) erhöht ist.

Wie im nachfolgenden Kapitel gezeigt wird, weisen Schlacken jedoch teilweise deutlich höhere, durch Ra 226 verursachte Aktivitäten auf.

3.5 Natürliche Radioaktivität in Baustoffen

Für Baustoffe liegen eine Vielzahl von Aktivitätsmessungen vor. Exemplarisch wird hier auf die nachfolgende Tabelle hingewiesen:

Material	Radium-226 in Bq / kg		Thorium-232 in Bq / kg		Kalium-40 in Bq / kg	
	Mittelwert	Bereich	Mittelwert	Bereich	Mittelwert	Bereich
Granit	100	30 - 500	120	17 - 311	1000	600 - 4000
Basalt	26	6 - 36	29	9 - 37	270	190 - 380
Kies, Sand, Kiessand	15	1 - 39	16	1 - 64	380	3 - 1200
Natürlicher Gips, Anhydrit	10	2 - 70	< 5	2 - 100	60	7 - 200
Tuff, Bims	100	< 20 - 200	100	30 - 300	1000	500 - 2000
Ton, Lehm	< 40	< 20 - 90	60	18 - 200	1000	300 - 2000
Ziegel, Klinker	50	10 - 200	52	12 - 200	700	100 - 2000
Beton	30	7 - 92	23	4 - 71	450	50 - 1300
Kalksandstein, Porenbeton	15	6 - 80	10	1 - 60	200	40 - 800
Kupferschlacke	1500	860 - 2100	48	18 - 78	520	300 - 730
Gips aus der Rauchgasentschwefelung	20	< 20 - 70	< 20		< 20	
Braunkohlenfilterasche	82	4 - 200	51	6 - 150	147	12 - 610

Tabelle 1: Spezifische Aktivitäten natürlicher Radionuklide in Natursteinen, Baumaterialien und Reststoffen (gekürzt nach [6])

3.6 Die „Leningrader Summenformal"

Sofern Materialien als Baustoffe eingesetzt werden sollen, kann für eine Bewertung die „Leningrader Summenformel" [9] herangezogen werden, die zu einer „Bewertungszahl B" führt.

Diese bietet die Möglichkeit, die Belastung durch von Baustoffen ausgehende Strahlung abzuschätzen.

Dazu werden in der „Leningrader Summenformel" die Aktivitäten von

- Kalium-40

- Radium-226 und

- Thorium-232

eingesetzt.

Hinsichtlich der Frage, ob ein bestimmtes Material aus strahlenbiologischer Sicht als Baumaterial eingesetzt werden sollte oder nicht, wird empfohlen, nur solche Baustoffe zu verwenden, deren sogenannte „Bewertungszahl B" kleiner als 1 ist.

Diese Bewertungszahl B wird wie folgt berechnet:

$B = R/370 + T/259 + K/4810$ („Leningrades Summenformel") [9]

Dabei ist

- für K die spezifische Aktivität von K-40,

- für R die spezifische Aktivität von Ra-226 und

- für T die spezifische Aktivität von Th-232

im betreffenden Baustoff in Becquerel pro Kilogramm (Bq/kg) einzusetzen.

Exemplarisch ergibt sich dabei für Kalksandstein mit Ra 226 von 15 Bq/kg, Th 232 von 10 Bq/kg und K 40 von 200 Bq/kg eine Bewertungszahl von 0,12:

$B = 15/370 + 10/259 + 200/4810 = 0,12$

Wird diese Berechnung für das hier untersuchte Pigment (Ra 226 mit 538 Bq/kg, Th 232 mit 113 Bq/kg und K 40 mit 25 Bq/kg) durchgeführt, ergibt sich eine Bewertungszahl von 1,9:

$B = 538/370 + 113/259 + 25/4810 = 1,9$

Letztlich wird darauf hingewiesen, dass für Granit eine Bewertungszahl von 0,94 und für Kupferschlacke eine Bewertungszahl von 4,34 ermittelt wird.

Die durchgeführte Berechnung für das untersuchte Pigment wird dabei lediglich als Hinweis bewertet, da das hier beurteilte Pigment primär nicht als Baustoff eingesetzt wird.

4 ABSCHLIEßENDE ZUSAMMENFASSUNG UND BEWERTUNG

Anhand der herangezogenen Beispiele ist erkennbar, dass für den vorliegenden Fall beim eingesetzten Pigment eine erhöhte natürliche Radioaktivität festzustellen ist.

Es wurde jedoch auch dargelegt, dass die ermittelten Aktivitäten noch innerhalb der natürlichen Radioaktivität liegen.

Abschließend wird darauf hingewiesen, dass der Umgang mit den Pigmenten einen genehmigungsfreien Umgang nach § 8 der Strahlenschutzverordnung [10] darstellt, so dass keine Genehmigung nach § 7 der Strahlenschutzverordnung erforderlich ist.

Die in der Strahlenschutzverordnung in Anlage I, Teil B genannten Freigrenzen werden deutlich unterschritten.

Unabhängig von den vorgenannten Aussagen gilt jedoch beim Umgang mit Stoffen, die eine natürliche Radioaktivität aufweisen, der generelle Grundsatz, dass jede unnötige Strahlenexposition (Einwirkung von ionisierenden Strahlen auf den menschlichen Körper) oder Kontamination von Mensch und Umwelt (Verunreinigung mit radioaktiven Stoffen) zu vermeiden ist.

Jede Strahlenexposition oder Kontamination von Mensch und Umwelt ist auch unterhalb der in der Strahlenschutzverordnung festgesetzten Grenzwerte so gering wie möglich zu halten.

5 LITERATURVERZEICHNIS

[1]   Verordnung (EWG) Nr. 737/90 des Rates vom 22. März 1990 über die Ein-
      fuhrbedingungen für landwirtschaftliche Erzeugnisse mit Ursprung in Drittlän-
      dern nach dem Unfall im Kernkraftwerk Tschernobyl

[2]   http://www.lgl.bayern.de/lebensmittel/rueckstaende/radioaktivitaet_pil-
      ze2009.htm (abgerufen am 15. Juni 2011)

[3]   http://www.bfs.de/de/bfs/druck/infoblatt/waldpilze.html (abgerufen am 15. Juni
      2011)

[4]   http://www.lgl.bayern.de/lebensmittel/rueckstaende/radioaktivitaet_all-
      gemein.htm (abgerufen am 15. Juni 2011)

[5]   http://www.zsr.uni-hannover.de/veroeff/natradio.pdf (abgerufen am 15. Juni
      2011)

[6]   http://www.bfs.de/de/ion/radon/anthropg/baustoffe.html (abgerufen am 15.
      Juni 2011)

[7]   R. Bialucha in: Report des Forschungsinstituts der Forschungsgemeinschaft
      Eisenhüttenschlacken e. V., Dezember 2000 (Ausgabe 7. Jahrgang Nr. 2), S.
      2 - 4

[8]   http://uwa.physik.uni-oldenburg.de/1609.html (abgerufen am 15. Juni 2011)

[9]   http://www.kalksandstein.de/cox_ksi/fach/produkte/stoffwerte/nat_radio.htm
      (abgerufen am 15. Juni 2011)

[10] StrlSchV - Strahlenschutzverordnung (Verordnung über den Schutz vor
      Schäden durch ionisierenden Strahlen) vom 20. Juli 2001 in der Fassung
      vom 29.08.2008